QUELQUES MOTS SUR L'OÏDIUM

TRAITÉ PRATIQUE
DE SOUFRAGE

Contenant la description d'un appareil servant à répandre
avec une grande régularité
et une économie bien constatée de soixante pour cent,
le soufre et les autres matières pulvérulentes,
quel que soit leur état de division

CHAPITRE DÉTACHÉ D'UN MANUEL INÉDIT DE VITICULTURE
PERFECTIONNÉE

Par A. PAQUERÉE

Membre de l'Institut des provinces, de la Société Géologique de France,
Membre honoraire de l'Institut historique des Arts et Manufactures de
Londres, Correspondant de la Société Linnéenne de Bordeaux et de plusieurs
autres sociétés savantes françaises et étrangères.

DEUXIÈME ÉDITION.

BORDEAUX
IMPRIMERIE EUGÈNE BISSEI, RUE PORTE-DIJEAUX, 43

1865

QUELQUES MOTS SUR L'OÏDIUM

TRAITÉ PRATIQUE
DE SOUFRAGE

Contenant la description d'un appareil servant à répandre
avec une grande régularité
et une économie bien constatée de soixante pour cent,
le soufre et les autres matières pulvérulentes,
quel que soit leur état de division

CHAPITRE DÉTACHÉ D'UN MANUEL INÉDIT DE VITICULTURE
PERFECTIONNÉE

Par A. PAQUERÉE

*Membre de l'Institut des provinces, de la Société Géologique de France,
Membre honoraire de l'Institut historique des Arts et Manufactures de
Londres, Correspondant de la Société Linnéenne de Bordeaux et de plusieurs
autres sociétés savantes françaises et étrangères.*

DEUXIÈME ÉDITION.

BORDEAUX

IMPRIMERIE EUGÈNE BISSEI, RUE PORTE-DIJEAUX, 43

1865

AVANT-PROPOS

La culture de la vigne a pris en France, depuis quelques années, une extension considérable. De grandes étendues de terrain, de tous temps incultes, lui ont été consacrées. On remarque même, dans plusieurs de nos départements, la tendance qu'elle aurait à se substituer aux céréales, notamment dans les terres peu profondes et de médiocre qualité.

Cette tendance est suffisamment justifiée par la valeur de ses produits, comparée aux revenus des autres branches de l'agriculture. La vigne, en effet, n'occupe en France que la vingtième partie, au plus, des terres cultivables. Ces terres sont en général de médiocre qualité. Beaucoup seraient impropres à toute autre culture, même à la culture forestière, et cependant leur rapport annuel compterait, d'après les savantes appréciations de M. Payen, pour une somme de 1,250 millions sur les six milliards qui forment chez nous le chiffre total de la production du sol.

En présence de pareils résultats, est-il surprenant que beaucoup d'agriculteurs intelligents abandonnent pour la culture de la vigne celle des céréales qui, d'après un rapport officiel de M. Cornudet, conseiller d'Etat, n'aurait été suffisamment rémunératrice en France que six fois seulement pendant la période de nos quarante dernières années?

Quelques esprits sérieux, et parmi ceux-là un homme dont le nom fait autorité dans la science agronomique, se préoccupent de cette tendance considérée par eux comme devant avoir, dans l'avenir, des conséquences fâcheuses au point de vue de l'alimentation publique. Ces craintes sont loin d'être nouvelles; elles se sont manifestées à diverses époques, et ont donné lieu, entr'autres, aux célèbres ordonnances de 1566, de 1577 et de 1731. Ces lois qui restreignaient le droit de culture de la vigne avaient sans doute une suffisante raison d'être du temps de Charles IX, de Henri III et de Louis XV. En serait-il de même à notre époque où la facilité des communications permettraient de répandre au besoin, en peu de temps et à peu de frais, sur toute la surface de la France, les denrées alimentaires venues des pays les plus éloignés?....

La plupart des économistes sont d'accord sur ce point, que l'alimentation est assurée partout où abondent les objets d'échange. Les villes, les grands établissements manufacturiers et surtout les placers de la Californie et de l'Australie où la production des denrées alimentaires est si peu en rapport avec leur consommation, nous donnent des exemples frappants de cette vérité. Nous devons donc considérer comme au moins exagérées les craintes manifestées par ceux qui voient un danger dans l'extension donnée à l'une de nos industries les plus prospères.

Les agriculteurs qui cherchent à accroître leur bien-être par la culture de la vigne, ne se bornent pas tous à agrandir l'étendue du terrain qu'ils lui consacrent. Un assez grand nombre s'attache en outre à en augmenter le revenu, soit en en cultivant des plants plus délicats ou plus productifs, soit en donnant à la vigne les engrais dont elle est presque partout sevrée, soit enfin en adoptant un mode de taille en rapport avec les progrès récents qui ont fait de l'arboriculture une véritable science.

Les progrès sont certainement beaucoup plus difficiles à réaliser dans la viticulture que dans aucune autre branche de connaissances humaines. Chacune d'elles a, en effet, ses principes, ses règles, ses lois, qui peuvent servir de point de départ. La viticulture, au contraire, abandonnée partout à des pratiques dont la sagesse ou les vices n'ont jamais été constatés par des expériences comparatives, est, pour ainsi dire, livrée à l'anarchie. Dans chaque contrée viticole, il est peu de propriétaires qui ne se croient en possession des meilleurs plants et des meilleurs procédés de culture et de vinification, et qui ne considèrent la qualité bonne ou mauvaise de leurs vins comme tenant *uniquement* à des causes qu'il n'est au pouvoir de personne de modifier. Plus ces idées sont répandues, plus on doit savoir gré aux hommes d'initiative qui tentent et accomplissent des améliorations, leur attirant presque toujours, comme premiers résultats, les railleries et les observations peu bienveillantes de leurs voisins.

De toutes ces améliorations, la substitution des plants fins venant de l'étranger aux plants communs du pays est certainement celle qui soulève la plus grande opposition. Tous les plants, vous diront beaucoup de vignerons, étaient primitivement les mêmes. Le terrain, l'exposition, et une foule d'autres circonstances les ont modifiés. Si donc, dans un vignoble, on transporte des cépages étrangers, ils ne manqueront pas de se métamorphoser en peu de temps et de donner, après quelques années, des produits analogues à ceux qu'on avait la prétention d'améliorer.

Pline le Naturaliste a, l'un des premiers, soutenu cette thèse, qui, depuis, a trouvé tant de défenseurs. Dussieux, l'un d'eux, va jusqu'à affirmer qu'un plant s'est ainsi modifié sous les yeux d'un observateur sérieux qu'il nomme. La seconde année, dit-il, ce plant avait des branches qui s'étaient complétement métamorphosées; pour quelques autres, le changement ne s'était produit qu'à moitié; d'autres, enfin, conservaient encore le type de l'espèce primitive. Un autre auteur, beaucoup plus moderne, un Américain, à la vérité, cite un cépage comme donnant des raisins noirs au sommet des coteaux, rouges sur le penchant et blancs dans la plaine.

L'expérience a fait aujourd'hui justice de ces croyances mal fondées et des faits observés, il résulte que, pour la vigne comme pour les autres arbres fruitiers, le type distinctif de chaque espèce se conserve dans tous les pays où on les transplante.

Parmi les viticulteurs qui ont entrepris ces essais sur une grande échelle, nous devons nommer MM. le comte Odart, dans l'Indre-et-Loire; Bouchereau, dans la Gironde; docteur Guyot, dans la Seine; Démermetty, dans la Côte-d'Or; docteur Baumes, dans le Gard; Cazalis-Allut, dans l'Hérault; baron de Marignan, dans le Gers. Nous ajouterons les membres du Comice agricole de Saumur à cette liste, qui, pour être complète, aurait à recruter des noms dans la plupart des cantons où la vigne est cultivée.

Partout où ces essais ont été entrepris, il a été démontré d'une manière certaine que, toujours, la substitution des plants fins aux plants grossiers améliore d'une manière notable les produits d'un vignoble, et que, par contre, la plantation des plants communs entraîne toujours une conséquence opposée.

Cette dernière considération devrait faire réfléchir les viticulteurs qui ne craignent pas de déprécier leurs vins en plantant des cépages dont l'abondance est largement compensée par la mauvaise qualité de leurs produits. Un moment viendra, bien certainement, où ces vins, frappés par le commerce d'une sorte d'interdit, ne trouveront d'écoulement qu'à la condition de subir un abaissement de prix considérable.

Une considération d'un ordre plus élevé devrait encore engager les viticulteurs à s'abstenir de tout ce qui pourrait porter atteinte à la qualité de leurs vins. Il s'agit ici, non plus d'un intérêt privé, mais d'un intérêt général.

La plupart des pays où la vigne peut être cultivée sans trop de désavantage, comprenant l'intérêt qu'ils auraient à se libérer du lourd tribut qu'ils paient chaque année à nos vignobles, font des efforts pour arriver à améliorer la qualité de leurs vins. L'empereur de Russie a, dans ce but, fondé, en Crimée et en Circassie, des vignobles modèles dont il a confié la direction à des Bordelais.

En Grèce, la Société des vignobles de Patras s'attache à l'imitation de nos vins et de nos eaux-de-vie. Quelques-uns des produits ainsi obtenus rappellent nos vins de France; d'autres sont comparables, dit-on, aux cognacs de deuxième qualité. Des Bordelais et des Bourguignons ont de même été appelés par cette Société, afin de diriger les essais auxquels elle se livre. Les Américains, enfin, augmentent chaque année l'étendue de leurs plantations, et quelques-uns d'entre eux se flattent de pouvoir, avant peu d'années, venir sur nos marchés présenter leurs vins en concurrence avec les nôtres. Cette prétention est certainement exagérée. Nous sommes cependant loin d'être à l'abri de tout danger, à moins que nous ne nous attachions à conserver avec soin et même à améliorer la qualité des produits de nos vignobles. Nous avons sérieusement à craindre, au contraire, dans le cas où nous ne conserverions pas intacte la réputation dont jouissent les vins qui fournissent à notre commerce d'exportation l'un de ces principaux éléments d'activité, de voir, à une époque rapprochée, se fermer devant eux bien des débouchés qui leur sont ouverts aujourd'hui.

Le progrès se fait donc et tend chaque jour à se généraliser dans le domaine de la viticulture. Les propriétaires qui s'attardent seront certainement victimes de leur trop grand attachement aux errements du passé. Les novateurs, assez aveugles pour sacrifier à l'abondance la qualité de leurs vins, se prépareraient aussi des regrets amers, et le pays tout entier aurait à souffrir avec eux.

Au moment où une industrie puissante est à même de se transformer, il est du devoir de chacun de porter à la connaissance de tous les faits et les observations qui s'y rapportent, soit que ces constatations aient été faites par lui, soit qu'elles lui aient été communiquées par des observateurs dignes de confiance, soit enfin qu'il les ait puisées dans la lecture de livres sérieusement étudiés.

Depuis plusieurs années, nous nous sommes attachés, dans ce but, à recueillir les matériaux d'un traité spécial dans lequel nous passerons en revue les progrès accomplis en ces derniers temps dans la viticulture. Nous relaterons les expériences ; nous donnerons les résultats obtenus ; nous décrirons les procédés nouveaux, en les comparant aux anciens ; nous tâcherons, enfin, de mettre nos lecteurs à même de pouvoir appliquer, sans autres informations, les méthodes de culture et de vinification dont la supériorité aura été suffisamment constatée.

En attendant que nous ayons mis ces matériaux en ordre, une circonstance particulière nous engage à en détacher un chapitre que nous publions aujourd'hui par extrait. Ce chapitre est relatif au soufrage et contient la description d'un appareil rendant plus facile et moins dispendieuse cette importante opération trop longtemps négligée. L'emploi de cet instrument procure une économie de 60 p. 100 bien constatée. C'est principalement dans le but de le faire connaître que nous devançons le moment où devait paraître cet opuscule qui, sans aucun doute, aura la bonne fortune de tomber dans les mains de bien des viticulteurs n'ayant jamais appliqué le soufrage et qui pourront ainsi profiter des conseils pratiques que nous y donnons.

TRAITÉ PRATIQUE
DE SOUFRAGE

Il y a bientôt vingt ans, un jardinier anglais, M. Tuker, observait pour la première fois dans une serre, près de Londres, une moisissure nouvelle qui se développait sur les branches et les fruits d'un cep de vigne soumis à une culture forcée. Très-savant botaniste, il reconnut cette moisissure comme appartenant au genre *oïdium*, et le monde savant donna à la plante nouvelle le nom de Tuker, afin de consacrer le souvenir du premier observateur qui l'avait signalée à son attention.

Les moisissures occupent une place bien modeste dans le catalogue des plantes. Chacune d'elles a bien un nom, comme les chênes, les cèdres et les sapins; mais peu de personnes aiment à charger leur mémoire de ces noms rappelant à l'esprit des organismes si petits et d'un si minime intérêt. Ils restent donc toujours à peu près inconnus, si ce n'est de quelques centaines de savants qui usent leur vue à étudier au microscope ces végétations en miniature.

L'*oïdium Tukeri* avait droit d'aspirer à une plus grande notoriété. A peine avait-il un nom qu'on l'observait sur les bords du Rhin, puis en Italie, puis en Grèce, puis à peu près dans tous les pays où la vigne est cultivée. On connut bientôt les ravages qui suivent son apparition, et l'alarme devint générale. Restait à savoir si l'*oïdium* est la cause du mal, ou s'il n'est, au contraire, que le fait apparent, que le symptôme d'une maladie, soit organique, soit occasionnée par la piqûre d'un insecte ou d'un arachnide.

On comprend que, dans l'un ou l'autre de ces deux cas, la maladie ayant une cause intérieure ou extérieure, la médication à appliquer devait être tout à fait différente.

On comprend encore que, dans les années qui ont suivi l'apparition de l'*oïdium*, on ait beaucoup disserté, beaucoup discuté, beaucoup écrit (1) sur son origine, sa nature, son mode d'action, ses moyens de reproduction et principalement encore sur les procédés à employer pour préserver la vigne contre ses attaques, ou tout au moins pour l'en débarrasser.

Si, tout d'abord, on put remarquer une grande divergence d'opinions entre les auteurs des premiers écrits qui parurent sur ces matières, on eut bientôt sujet de se rassurer et l'on put être certain de voir les questions mises à l'étude obtenir une solution prompte et sérieuse, lorsque, parmi

---

(1) En 1856, trois cent soixante-dix-sept mémoires sur l'*oïdium* ont été adressés à la Société d'encouragement.

les noms des savants s'attachant à les élucider, on connut ceux de MM. Tulasne, Berkeley, le docteur Montagne, Charles des Moulins, Marès, le docteur Cuigneau, Rose Charmeux, Hardy, Durieux, Duchartre et de tant d'autres non moins connus comme naturalistes et comme viticulteurs.

L'étude de la maladie de la vigne, entreprise par ces savants observateurs, ne tarda pas en effet à porter ses fruits. Grâce à eux, grâce à leurs recherches, l'*oïdium* est aujourd'hui parfaitement connu, et le soufrage, expérimenté d'abord et préconisé ensuite par eux, sauve depuis dix ans, et sauvera sans doute pendant de longues années encore, la majeure partie des produits de nos vignobles. La valeur des récoltes, ainsi préservée en France seulement, est déjà supérieure à un milliard, et l'impulsion donnée au commerce du soufre par les besoins de la viticulture est telle que les importations annuelles de la Sicile se sont élevées, en France, depuis l'apparition de l'*oïdium*, de cinq cent mille quintaux métriques à trois millions, que l'on a dû quadrupler le nombre des raffineries et que, malgré cet accroissement de production, le prix de ce minéral a dû subir une énorme augmentation.

Les études auxquelles se sont livré les naturalistes les ont amenés aux conclusions suivantes :

1° L'*oïdium* n'est pas dû à une maladie organique de la vigne; ses causes sont purement extérieures;

2° La maladie de la vigne n'est pas occasionnée par la piqûre d'un insecte ou d'un arachnide. Ceux de ces animaux qu'on a parfois observés en assez grand nombre sur les plantes oïdiées s'y trouvaient accidentellement, peut-être même se nourrissaient-ils de la substance de l'*oïdium*;

3° Le mal est dû uniquement à la végétation de l'*oïdium*, qui n'est qu'une forme nouvelle d'une érysiphée ou de tout autre cryptogame, probablement inoffensif avant sa récente transformation;

4° Le soufre en poudre mis en contact avec le cryptogame parasite le détruit à coup sûr et très-rapidement. En outre de cette propriété curative, ce corps a encore pour effet d'activer la végétation de la vigne sur laquelle il est répandu, au point que, beaucoup de viticulteurs, le considèrent comme un puissant stimulant devant être employé avec le plus grand soin, dans les vignes mêmes qui n'ont jamais eu à souffrir des attaques de l'*oïdium*.

Les viticulteurs devraient bien se pénétrer de ces conclusions, afin de suivre les prescriptions qui les accompagnent, et surtout afin de se tenir en garde contre les prétendus préservatifs qu'on leur présente chaque année sous des noms différents, et toujours avec les promesses les plus séduisantes. Les uns doivent être déposés au pied de la vigne, ainsi que les engrais. Les autres doivent être inoculés au moyen d'une entaille faite au cep en traitement. Tous ces prétendus remèdes contiennent, dit-on, les éléments qui sont sensés manquer à la plante malade, éléments dont l'absence serait la cause même de la maladie.

Si l'emploi de ces remèdes est sans efficacité, il est du moins commode et peu coûteux. Il est donc utile de rappeler aux propriétaires disposés à profiter de ces prétendus avantages, le verdict de la science; ils verront alors que la maladie étant extérieure et due uniquement à la présence de l'*oïdium*, les prétentions de ces guérisseurs sont en tout comparables à celles d'un empirique qui, voyant un malheureux couvert d'insectes parasites, voudrait, au moyen d'une médication intérieure, le débarrasser de ces hôtes incommodes.

La pratique du soufrage si généralement employée tend chaque jour à se propager davantage. Grâce à la large application qu'on en a faite, l'*oïdium* a cessé d'être un épouvantail, et beaucoup de propriétaires, vivement effrayés au moment de son apparition, sont tellement sûrs du moyen curatif dont ils disposent, qu'ils se sentent aujourd'hui plus disposés à le bénir qu'à le maudire; ils lui doivent, en effet, un accroissement de fortune supérieur, même aux rêves d'espérance qu'ils auraient pu former.

Ces fortunes, très-nombreuses, se triplant en quelques années, par le fait seul du prix élevé des produits du sol, nous montrent bien certainement le fait agricole le plus extraordinaire dont l'histoire et la tradition aient gardé le souvenir, et les propriétaires de vignes se montreraient ingrats s'ils attribuaient ce fait à une autre cause que l'*oïdium*. Parmi ces fortunés propriétaires, s'il en est quelques-uns d'assez heureux pour avoir été épargnés par le fléau, le plus grand nombre, au contraire, a eu à lutter contre lui. Ceux-là, menacés de la ruine, ne doivent bien certainement leur fortune qu'à leur énergique persévérance.

En présence de ces faits si bien et si souvent constatés, de ces fortunes si rapidement faites, dont l'origine et la cause ne sont un secret pour personne, comment se fait-il que tant de propriétaires reculent encore devant une dépense relativement minime, pouvant seule leur assurer la conservation de leurs récoltes détruites régulièrement chaque année?... Bien certainement, ils n'ignorent pas les effets curatifs attribués au soufre en poudre. En outre des attestations que la plupart d'entre eux auraient pu recueillir dans le cercle de leurs connaissances, n'ont-ils pas été à même de recevoir les conseils de tant d'hommes à l'esprit généreux qui se font si volontiers les apôtres du progrès?.. Et pour ce qui concerne le soufrage, il nous vient aussitôt en mémoire : MM. le comte de La Vergne, dans la Gironde et le Maine-et-Loire; Arnautizan, dans le Loir-et-Cher; Marès, Bouscaren, le docteur Cabanne de Béziers, dans l'Hérault, et tant d'autres dont les noms nous échappent ou ne nous sont pas parvenus. Quelle serait donc la cause de cette abstention inconcevable?... Disons-le bien vite,.. c'est le manque de confiance.

Nous avons tous eu assez souvent l'occasion de voir le soufrage produire des effets contradictoires. Un vignoble est préservé ; un autre, dans son voisinage, soufré le même jour, est, au contraire, ravagé par l'*oïdium*. Nous savons bien à quoi nous en tenir sur les causes de cette différence ; nous n'ignorons pas qu'autant un soufrage bien fait est efficace, autant un soufrage mal fait est inerte, et nous disons que, bien certainement, la vigne ravagée a été mal soufrée ; mais nous ne pouvons exiger des gens n'ayant jamais pratiqué l'opération qui nous occupe, une foi aussi éclairée que la nôtre. Ces personnes donc se contentent de constater que le soufrage n'a pu sauver le second vignoble, et elles en concluent assez naturellement, il faut en convenir, que l'on ne doit point attribuer au soufre l'état prospère du premier, et que, non soufré, il se serait sauvé quand même.

Parfois, les choses se présentent de manière à laisser encore plus de place au doute. Un vignoble appartenant à un même propriétaire a été soufré tout entier le même jour et d'une manière identique, et cependant, plus tard, il montre des parties tout à fait saines et d'autres complétement perdues. Afin de montrer aux personnes que cet exemple pourrait faire persister dans le doute la cause de cette apparente anomalie, nous allons tâcher d'expliquer comment un soufrage mal fait peut, cependant, dans des circonstances déterminées, produire des résultats favorables. Mais, avant tout, nous devons dire quelles sont les conditions essentielles d'un bon soufrage.

Le soufre ne détruit l'*oïdium* qu'à la condition d'être en contact immédiat avec lui. Voilà pourquoi il est si important de l'employer dans un grand état de division, qui lui permet de pénétrer au milieu du feutrage formé par les petites tiges qui s'élèvent du *mycélium*.

Il est non moins indispensable de projeter la poussière curative avec force, mélangée avec une certaine quantité d'air soumis à une assez forte pression, qui le divise et l'entraîne sous forme de nuage au milieu du fouillis de feuilles et de pampres où l'*oïdium* se dérobe aux regards du vigneron. Pas un recoin ne peut ainsi échapper à l'influence du soufre, qui, après l'opération, recouvre tout aussi bien le côté inférieur des branches et des feuilles que leur face supérieure. D'après cela, on comprend que nous concluions en faveur des soufflets et des autres appareils de ventilation, et que nous considérions, au contraire, les houpes, les sablières et autres instruments semblables, comme devant être proscrits de tout vignoble bien tenu.

On nous objectera sans doute que les instruments dont nous prescrivons l'emploi sont précisément les plus en usage dans les départements du Midi, où le soufrage est le plus généralement appliqué, ce qui semblerait prouver que, jusqu'ici, on n'en a obtenu que de bons résultats.

Nous voilà précisément arrivé au cas indiqué par nous d'un soufrage mal fait, produisant cependant des résultats heureux, dans de circonstances particulières et parfaitement déterminées.

Les personnes qui, pour la première fois, ont vu soufrer les vignes dans le Midi, ont été sans doute surprises de la grande quantité de matière qu'on y emploie. Sur chaque feuille est une agglomération de soufre, à terre on en voit tout autant de répandu, et, à plusieurs centaines de mètres, il est aisé de distinguer à leur couleur jaune les vignes fraîchement soufrées de celles qui ne l'ont pas été ou le sont depuis longtemps.

Le vent enlève en partie ce soufre et le transporte au loin, à travers les souches, les branches et les feuilles de vigne, qui en arrêtent au passage les molécules. Voilà donc à peu près reproduits les effets du soufflet, grâce, remarquons-le bien, à l'énorme quantité de soufre qu'on a employée. Mais voilà bien un autre fait, propre aux contrées chaudes du Midi, étudié avec le plus grand soin par M. Marès, et qui, dans les pays plus froids, ne peut se reproduire que dans les expositions et dans les années exceptionnellement favorables. Nous voulons parler de la volatilisation du soufre s'opérant sous l'influence des rayons solaires.

Nos lecteurs nous sauront gré de laisser la parole au savant viticulteur de Montpellier, à qui nous devons ces observations, et de citer tout au long un passage de son célèbre mémoire (1) :

« On sait qu'il suffit de répandre du soufre en poudre sur les tuyaux du thermosiphon d'une serre chaude où la vigne est soumise à une culture forcée pour la préserver de la maladie ou détruire cette dernière, si elle s'est déjà manifestée. Dans ce cas particulier, le soufre n'agit que par ses vapeurs condensées sur toutes les parties du feuillage de la vigne.

» Rien n'est plus favorable que cette division infinie des molécules de l'agent curatif; elle assure son action en lui permettant de pénétrer partout, et le répartissant avec une grande égalité. L'observation démontre que le même phénomène se manifeste, en été, dans les vignes soumises au traitement par le soufre en poudre, mais avec moins d'intensité. Le sol agit alors comme un thermosiphon, lorsqu'il est échauffé par les rayons d'un soleil vertical, qui reste treize heures au-dessus de l'horizon.

En effet, si l'on procède au soufrage d'une vigne aux heures de soleil, par un temps sec et chaud, on sent aussitôt une odeur de soufre pénétrante. Elle peut se conserver plusieurs semaines, surtout s'il ne pleut pas; mais sa force diminue graduellement. Elle se produit par le seul effet d'une température de 40 degrés centigrades. Tout porte à croire, *à priori*, qu'il se volatilise une quantité notable de soufre répandu sur le sol et sur la vigne.

» J'ai mis le fait en évidence, en exposant au soleil des bocaux dont le fond était garni de soufre en poudre, bien purgé d'hydrogène sulfuré, dont le fond était garni

---

(1) Mémoire sur la maladie de la vigne, par M. H. Marés. Montpellier 1856.

de soufre en poudre, et en plaçant à quelques centimètres de la surface du soufre des plaques d'argent bien décapées. J'ai eu soin de préserver l'appareil des poussières, en le couvrant d'un entonnoir renversé, et de le munir, à l'intérieur, d'un thermomètre. Après cinq jours d'expériences, pendant lesquels la température a varié de 16 degrés à la nuit, à 55 degrés au soleil, les plaques d'argent sont devenues brunes. Si la température ne s'élève qu'à 40 degrés, l'argent brunit beaucoup moins.

» Dans une autre expérience où la température de l'appareil, maintenu à l'ombre, de 16 degrés à cinq heures du matin, à 28 degrés entre dix heures du matin et trois heures du soir, les plaques d'argent n'ont pris qu'une légère teinte brune. L'odeur du soufre était encore sensible, quoique très-faible.

» ...... La volatilisation du soufre est déjà sensible à une température de 28 degrés, assez forte à une température de 40 degrés, très-forte à une température de 55 degrés. »

De ces expériences si précises, de ces observations si judicieuses, il est aisé de conclure qu'un soufrage mal fait pourra, dans les parties d'un vignoble où la température du sol s'élèvera à 40 degrés, produire des résultats favorables, et des résultats négatifs au contraire dans les parties moins bien exposées, et dans celles encore où la terre, moins foncée en couleur, renvoie par cela même, au lieu de les absorber, les rayons calorifiques du soleil. On doit en conclure encore que, si dans les vignobles du Midi on peut sans grands désavantages employer les houpes et les sablières, à la condition cependant de répandre le soufré avec profusion, on doit au contraire éviter avec soin de s'en servir dans les contrées où la température se prête moins à la volatilisation du soufre.

Si dans un très-grand nombre de vignobles des instruments que l'on devrait proscrire sont employés à l'exclusion du soufflet, et au grand détriment de la récolte, c'est uniquement parce que leur usage est beaucoup moins fatigant et beaucoup plus expéditif. Le soufflet fait peu de travail, et les personnes qui n'ont pas expérimenté par elles-mêmes la fatigue, qu'à la fin d'une journée bien employée cause la manœuvre de cet instrument, s'en feront difficilement une idée ; aussi, dans la plupart des vignobles, trouve-t-on avec peine à compléter le nombre d'ouvriers soufreurs dont on a besoin, en leur donnant même un supplément de salaire.

Ces difficultés entrent certainement pour beaucoup dans les causes empêchant la pratique du soufrage de se généraliser davantage et de se répandre dans toutes les contrées viticoles envahies par le cryptogame parasite.

Dans les premiers temps où l'*oïdium* commença à exercer ses ravages, aussitôt après que des essais faits en petit eurent démontré les propriétés curatives du soufre, beaucoup de propriétaires s'empressèrent de faire en grand de nouvelles expériences. Mais l'industrie n'avait pas songé à créer des appareils appropriés au soufrage ; pris ainsi à l'improviste, ils songèrent tout d'abord à employer des instruments fabriqués dans d'autres vues, les uns prirent une pomme d'arrosoir, qui donna l'idée de la sablière; d'autres prirent le soufflet de cuisine qu'ils avaient sous la main, et, ainsi armés, ils se hâtèrent d'aller combattre le fléau menaçant. Ces derniers surtout se trouvèrent bien de leur idée ; l'emploi du soufflet fut bientôt préconisé partout ; son usage se répandit rapidement, et comme, après tout, malgré les défauts qu'on n'a pas tardé à lui reconnaître, il a toujours été le meilleur instrument de soufrage, tous les viticulteurs désireux de bien faire l'ont conservé jusqu'à ce jour.

On a lieu d'être étonné qu'après dix ans on en soit encore réduit à se servir de cet instrument un peu trop primitif, créé pour tout un autre usage; il a, dans un moment critique, rendu un très-grand service à la viticulture ; la reconnaissance, peut-être, a fait passer légèrement sur ses défauts, qu'on a cependant essayé d'atténuer, sans y parvenir complétement. Il est temps de songer à le remplacer par un instrument créé spécialement pour le soufrage, participant dans une plus large proportion aux qualités qu'on a tout d'abord remarquées dans le soufflet et n'ayant, au contraire, aucun des défauts qu'on a pu lui reprocher.

En outre de la fatigue causée par son emploi et du peu de travail qu'il fait relativement, l'un des principaux défauts du soufflet est d'avoir un débit peu régulier. L'émission du soufre est plus ou moins abondante, selon la quantité qu'il en contient. On a bien essayé de placer un robinet sur le parcours du tube d'émission, afin de régler à volonté les dimensions du passage de l'air; mais ce moyen, à peu près insuffisant, a pour principal résultat, lorsque le robinet est en partie fermé, de gêner la sortie du vent, de le chasser sous une plus forte pression, de pousser beaucoup trop loin le soufre, et, par conséquent, de le faire perdre, de fatiguer enfin beaucoup plus les ouvriers soufreurs.

Le défaut que nous signalons tient à une disposition vicieuse de l'instrument, qui n'a qu'un récipient pour contenir à la fois le soufre et l'air comprimé. Un fabricant a cru remédier à cet inconvénient en disposant pour le soufre un récipient particulier. C'est déjà un progrès, puisque l'air, occupant toujours une même capacité, peut avoir ainsi une émission régulière; cependant, le défaut principal existe toujours. L'air se charge de soufre en traversant le récipient qui le contient; mais le soufre étant plus ou moins tassé, suivant la provision qui se trouve dans le réservoir, la quantité enlevée à chaque expiration ne peut avoir ainsi rien de régulier.

Pour être établi dans de bonnes conditions, un appareil de soufrage doit avoir un réservoir à soufre complétement indépendant de l'appareil de ventilation. La communication à établir entre les deux doit être facultative. L'ouvrier soufreur doit pouvoir, à volonté, rétablir ou rompre cette communication; il doit pouvoir, en outre, la régler de manière à donner la quantité de soufre qu'il veut, quelle que soit celle contenue dans le récipient, et quelle que soit la force d'impulsion du vent. Il doit, à sa volonté, et sans augmenter ou ralentir la vitesse de ses mouvements, augmenter ou diminuer la force d'impulsion de l'air et, par conséquent, du soufre. Il doit pouvoir mettre dans son réservoir une assez grande quantité de soufre, 4 à 5 kilog., par exemple, pour n'avoir pas besoin de renouveler à chaque instant sa provision. L'instrument doit être porté par lui de manière à le gêner le moins possible par son poids et à laisser ses mouvements libres. Le soufre, enfin, doit sortir par un orifice assez éloigné du visage du soufreur, afin de ne pas le fatiguer en pénétrant dans ses yeux et dans ses organes respiratoires.

Nous décrivons, plus loin, un appareil répondant à toutes ces conditions et permettant, en outre, d'économiser 60 p. 100 sur le temps et autant sur la matière employée.

Les premières indications données sur le nombre et l'époque où les soufrages doivent être effectués, sont encore les meilleures règles qu'on doive suivre. On lit, en effet, dans un rapport de M. Rousselin, imprimé en 1854 dans les *Annales de la Société d'Horticulture de Paris*, les conseils suivants : « Faire trois soufrages. Pratiquer le premier entre le 15 mai et le 15 juin, recommencer la même opération après la floraison, faire enfin un troisième soufrage, lorsque les grains sont gros comme des petits pois. »

A part la première indication, bien certainement insuffisante, cette règle est parfaite en tous points : afin de mettre cette première partie en rapport avec les autres, et de la rendre applicables à tous les climats, à toutes les expositions, à toutes les années, à tous les cépages. Nous pouvons la modifier ainsi : « Faire le premier soufrage au moment où la plupart des formes de raisins sont devenues apparentes et où les pousses nouvelles ont de huit à dix centimètres de longueur. »

On remarquera sans doute que, bien rarement, l'*oïdium* est apparent à l'époque où l'on conseille de faire le premier soufrage. Nous en convenons; mais on voudra bien admettre avec nous, qu'avant de se manifester ouvertement, l'*oïdium* peut passer par une période que nous appellerons d'incubation, pendant laquelle, caché dans le duvet épais qui couvre alors les jeunes tiges, il attend les circonstances favorables qui lui permettront plus tard d'envahir à la fois le cep tout entier. A cette époque, où la chaleur n'est pas encore bien forte, il faut un certain temps à une sporule pour germer, se développer et donner naissance à l'immense quantité d'organismes nécessaires pour former une tache appréciable à l'œil nu. Sa petitesse dérobe alors le cryptogame à notre vue, mais ne le met pas à l'abri des atteintes du soufre qui, projeté avec force, pénètre dans les interstices de l'écorce, des nervures des feuilles, du bourgeon terminal, où les germes de l'*oïdium* sont en train de se développer.

Le premier soufrage est considéré comme préventif; mais si nous observions bien, et si notre regard, aidé du secours d'un puissant microscope, pouvait pénétrer dans les recoins où le soufre accomplit son œuvre de destruction, nous verrions bien certainement que, dans le premier soufrage, ses effets immédiats sont aussi actifs et aussi nécessaires que dans les soufrages pratiqués ultérieurement. L'on verrait bien probablement encore que, pour cette première opération comme pour les autres, il est indispensable d'employer les appareils d'insufflation qui, seuls, peuvent faire pénétrer la poussière curative sous les feuilles et dans les recoins les plus reculés et les plus resserrés, et que l'on doit, comme pour les soufrages suivants, proscrire l'emploi des autres instruments qui, au grand détriment de la vigne, forment sur la face supérieure de ses feuilles des amas de soufre, sans utilité, mais nuisibles, au contraire, comme gênant les fonctions respiratoires de ces organes.

Le premier soufrage a non-seulement pour effet de détruire les germes de l'*oïdium*, mais encore d'atténuer les causes entraînant la coulure. La vigne a besoin, en ce moment, de ce stimulant qui accroît la vigueur de sa végétation et lui permet de traverser la période critique de la floraison, sans avoir autant à redouter des influences funestes qui, à cette époque, font évanouir tant d'espérances.

Cette première opération ne devrait-elle produire que ce dernier résultat, qu'elle n'en devrait pas moins être pratiquée, chaque année, avec le plus grand soin.

Un grand nombre de viticulteurs, et parmi eux l'un des principaux apôtres du soufrage, avaient pensé d'abord, qu'avant de commencer cette opération, on devait attendre la première apparition de l'*oïdium*, et, afin de n'être pas surpris, ils conseillaient aux propriétaires de visiter tous les jours avec soin les premiers ceps atteints chaque année, bien sûrs d'être ainsi avertis au moment même où commencerait la période envahissante du parasite.

Malheureusement ces conseils, si commodes à suivre, étaient basés sur une fausse observation; non-seulement l'*oïdium* ne commence pas toujours ses ravages par les mêmes ceps, mais encore il respecte souvent, pendant plusieurs années, les premiers qu'il avait précédemment visités.

En 1864, au mois de juin, l'*oïdium* a fait simultanément son apparition dans plusieurs contrées, et cela avec tant d'intensité, que, dès la première semaine, des vignobles d'une grande étendue ne présentaient pas un cep qui ne portât des traces du cryptogame parasite. C'est alors qu'on a pu comprendre l'avantage des soufrages préventifs. Les vignes soumises précédemment à cette opération ont bien été atteintes, mais si faiblement que, sans peine, on a pu partout se rendre maître du fléau, alors que, dans beaucoup d'autre, où cette précaution avait été négligée, on a dû comme dans les violents incendies, faire la part du feu et se borner à combattre l'*oïdium* sur une partie du vignoble, en lui abandonnant tout le reste.

Parmi les nombreux propriétaires que l'*oïdium* a ainsi trouvé désarmés, un certain nombre avait expérimenté les heureux effets du soufrage préventif; mais, à la suite d'une période de calme, pendant laquelle le parasite n'avait fait que des apparitions rares et sans gravité, ils s'étaient endormis dans une sécurité trompeuse à laquelle son retour offensif les a brusquement arraché.

Les trois soufrages recommandés par la plupart des expérimentateurs sont en général suffisants, parfois même, lorsque l'été est très-chaud et qu'il n'a pas plu sur la vigne depuis la seconde opération, on peut, sans danger, supprimer la dernière. Mais aussi, par contre, suivant les circonstances, il est quelquefois indispensable de faire un ou plusieurs soufrages supplémentaires : le nombre indiqué n'a donc rien d'absolu. On comprend d'ailleurs que les pratiques agricoles ne sauraient avoir dans leurs résultats une rigoureuse exactitude par suite des circonstances atmosphériques qui en favorisent ou en contrarient les effets.

Dans ces derniers temps, on a essayé d'appliquer à la maladie de la vigne un mode de traitement qu'on avait abandonné, il y a déjà plusieurs années, après des essais à peu près infructueux.

Nous voulons parler des lotions pratiquées avec un liquide contenant en dissolution ou en suspension des sulfures alcalins. Les difficultés présentées par le lavage complet d'un cep vigoureux, en pleine végétation, n'auraient guère pu permettre de pratiquer en grand cette opération; mais on a inventé des instruments destinés à rendre ces lotions plus faciles, et il est vraiment fâcheux que ces appareils, fort ingénieux, aient été imaginés pour appliquer un remède précédemment abandonné, non point tant à cause des difficultés présentées par son emploi, que par suite de son insuffisance bien constatée.

Certainement, les sulfures alcalins détruisent parfaitement l'*oïdium*; mais, dans ses combinaisons avec les bases alcalines, le soufre cesse d'être volatil à une basse température, ce qui fait que la chaleur solaire n'agissant plus sur lui comme dans les cas cités par M. Marès, l'*oïdium* végète à merveille à côté même des parties baignées par le liquide destiné à le détruire.

Nous nous abstiendrons de donner notre avis sur le choix à faire entre le soufre sublimé et le soufre trituré, la supériorité de chacun d'eux étant chaleureusement proclamée dans des contrées voisines par des viticulteurs également intelligents, également de bonne foi. On doit en conclure que, sans inconvénient, on peut employer soit l'un, soit l'autre.

On trouve sous divers noms, dans le commerce des poudres composées à base de soufre, dont une, notamment, après de nombreuses expériences, a su acquérir une grande réputation. Cette poudre est brune, et nous nous demandons si sa couleur, qui lui permet d'absorber les rayons calorifiques du soleil, est étrangère aux succès qu'on a obtenus en l'employant. Cette remarque nous suggère une idée que nous expérimenterons cette année et que nous soumettons à nos lecteurs au moment même où elle nous vient à l'esprit. La voici : Nous nous demandons s'il ne serait pas avantageux de mélanger au soufre trituré ou sublimé, une poudre noire, du noir de fumée, du poussier de charbon, par exemple, inerte par elle-même, et qui aurait pour but unique d'absorber les rayons du soleil et de permettre à ceux-ci d'échauffer le soufre déposé sur les branches et les feuilles de la vigne, de manière à le volatiliser en partie. Nous ne craignons pas d'être démenti par les faits, en disant que la température du soufre, ainsi noirci, pourra s'élever à 40 degrés, alors que celle de l'air ambiant sera inférieure à 25. Nous donnons cette idée à nos lecteurs pour ce qu'elle vaut, et nous les engageons à faire avec nous des expériences comparatives, qui ne leur coûteront que quelques centimes et ne sauraient, en aucun cas, leur causer le moindre préjudice.

Le soufrage est excessivement simple dans son emploi. Il est certainement le procédé agricole le plus facile à bien comprendre et à appliquer, comme il est celui dont les résultats appréciés en argent atteignent le chiffre le plus élevé. L'un des plus célèbres vignobles de la Gironde a retiré de la vente de ses vins récoltés en 1864, sur une étendue inférieure à 80 hectares, la somme énorme d'un million, sur laquelle somme une valeur du tiers au moins a été sauvée par le soufrage, soit plus de 300,000 fr., pour une dépense de 4,000 à 5,000 fr. au plus.

Beaucoup de propriétaires craignent, en soufrant leurs vignes, d'amoindrir la qualité de leurs produits. L'exemple que nous venons de citer devrait bien les engager à bannir ces craintes mal fondées que n'ont plus aujourd'hui les propriétaires même du Médoc, dont les vins atteignent parfois le prix de 4,000 fr. l'hectolitre.

Les instructions pratiques sur le soufrage peuvent se résumer en quelques mots : 1° choisir le soufre bien sec, afin qu'il ne reste pas en grumeau; 2° le projeter avec l'instrument qui le divise le mieux, le répartit le plus également, fait le plus de travail et fatigue le moins les ouvriers; 3° faire ces soufrages aux époques désignées, et recommencer chaque fois que l'*oïdium* reparaîtra. Tels sont, en peu de mots, les secrets de l'art du soufreur.

Le soufrage est, comme on le voit, tellement simple, qu'il suffit d'avoir soufré une fois pour n'avoir plus besoin de conseils. Une pratique d'un jour en apprend autant que tous les traités spéciaux réunis.

Parmi les viticulteurs qui se résignent si facilement à supporter les conséquences d'un mal dont ils pourraient se débarrasser à peu de frais; le plus grand nombre se confie dans l'avenir et se berce de cette douce idée que l'*oïdium* s'en ira comme il est venu, et que, par conséquent, il est inutile de s'en occuper davantage. Que diraient ces optimistes si quelque jour leur voisin, dont les champs seraient infestés de chiendent et d'autres mauvaises herbes faisait, à ce sujet, le même raisonnement?... Certainement, ils riraient de lui. Sont-ils donc beaucoup plus sages?...

L'*oïdium* est nouveau; il n'est pas vrai qu'il ait été observé dans l'antiquité et au moyen-âge. Ces faits, avancés d'abord, ont été formellement démentis. Si l'on veut savoir combien de temps encore il durera, nous répondrons qu'il durera certainement autant que la vigne, et cette déclaration, nous ne la faisons pas en notre nom privé, mais au nom de la science et du bon sens. Les naturalistes savent tous avec quel excès de précaution la nature a pourvu à tout ce qui peut assurer la conservation de l'espèce, et surtout lorsqu'il s'agit des organismes inférieurs, grâce à la sollicitude toute particulière avec laquelle elle semble s'être occupée de l'*oïdium*. Nous pouvons, avec assurance, lui présager une longue vie. Ses graines ou sporules, partout répandues en nombre incalculable germeront et se propageront tant qu'elles trouveront des conditions favorables à leur existence, et ces conditions ne sont autres que l'existence de la vigne elle-même. Attendons-nous donc à voir longtemps encore l'*oïdium* passer alternativement comme dans ces dernières années par des périodes de calme et d'intensité dont on n'a peut-être pas suffisamment étudié les circonstances, et habituons-nous à le combattre par le soufrage; aussi bien cette opération peut être considérée comme une façon supplémentaire à donner à la vigne; elle n'est pas plus coûteuse que les autres, et seule, elle peut assurer au propriétaire de rentrer dans ses autres déboursés.

Les propriétaires de vigne devraient bien encore se pénétrer de cette idée que, dans les années précédentes, le prix élevé du vin a été dû aux ravages de l'*oïdium*; que, par conséquent, dans ces années, la vigne dont la récolte a pu être préservée aurait encore largement payé des frais de culture beaucoup plus considérables qu'en temps ordinaires, et que, dans ces conditions, on ne devait pas lui marchander les dépenses; ils devraient encore se dire que, si les espérances fondées sur la prochaine disparition du cryptogame parasite venaient à se réaliser, le vin tomberait bien vite à un prix tellement inférieur, qu'ils ne pourraient jamais se récupérer des pertes que l'*oïdium* leur aurait fait éprouver pendant de longues années.

Hâtons-nous de répéter que ces espérances ou ces craintes sont mal fondées, et que, bien au contraire, tout semble présager une longue durée à l'*oïdium*.

Et maintenant que nous avons sonné l'alarme, nous devons à ceux de nos lecteurs, encore peu édifiés sur les propriétés curatives du soufre, une preuve qu'ils ne pourront récuser. Lorsqu'il s'agit d'un vignoble sauvé par le soufrage, on peut toujours opposer à cet exemple d'autres vignobles qui se sont sauvés tout seuls. Ici le cas est différent. Il s'agit d'observations microscopiques faciles à répéter et qui, certainement ne manqueront pas de convaincre les plus incrédules.

Il est bien difficile de parler de soufrage sans être obligé à chaque instant de citer M. Marès. Nous allons parler encore de ses observations microscopiques, qui ont jeté plus de lumière sur la question du soufrage que toutes les autres expériences faites sur ce sujet. Elles ont été cent fois reproduites; mais, comme elles ne pourraient être trop connues, nous allons les donner par extraits, d'après un résumé copié dans l'*Année scientifique*, de M. L. Figuier :

« Pour apprécier par le seul secours des yeux l'effet que la fleur de soufre produit sur l'*oïdium*, il suffit d'observer, sous le microscope, la série de modifications qui se manifestent sur les surfaces malades de la vigne mise en contact avec du soufre divisé ou *fleur de soufre*. La manière la plus commode de suivre la succession de ces phénomènes, c'est d'observer un grain de raisin récemment envahi et couvert de cette légère efflorescence blanche que produisent les premières atteintes de l'*oïdium*. Sur les feuilles et les sarments verts, on remarque les mêmes effets, mais d'une manière moins tranchée.

» Si l'on applique le soufre sur la vigne malade dans les meilleures conditions, c'est-à-dire par un temps sec et chaud, et sur des surfaces bien sèches, voici ce qu'on observe :

» Le soufre, lancé à l'aide du soufflet sur les grains du raisin malade, paraît disséminé à leur périphérie et fortement retenu par la surface veloutée que forment les tigelles dont le mycélium du cryptogame se trouve hérissé.

» Après vingt-quatre heures, on aperçoit un commencement de désorganisation au contact du soufre ; tout autour beaucoup de spores sont tombées, et le mycélium ne paraît pas avoir la même vigueur.

» Après quarante-huit heures, le mycélium paraît se flétrir et la plupart des spores ont disparu.

» Du quatrième au cinquième jour, on reconnaît que l'action est complète, le mycélium est rompu, flétri, désorganisé ; on en voit çà et là les fragments déjà brunis, son écorce n'existe plus.

» L'action du soufre est alors évidente. La vigne est bien débarrassée de l'action délétère du parasite et elle commence à végéter vigoureusement. »

Est-il une expérience plus concluante?.. Les effets curatifs du soufre sont-ils ainsi suffisamment constatés?.. L'ombre d'un doute peut-elle encore exister dans l'esprit de tout homme qui aura pu voir se dérouler sous ses yeux cette suite de phénomènes?.. Nous ne craignons pas, au contraire, d'être démenti en affirmant que jamais certitude ne fut mieux établie que celle qui ressort de ces essais.

L'expérience faite par M. Marès peut être aisément vérifiée par tout le monde. Il n'est pas besoin, pour la répéter, d'avoir à sa disposition un microscope puissant, une bonne loupe suffit pour observer d'une manière assez détaillée les faits ci-dessus rapportés. La plupart des viticulteurs auraient besoin de renouveler cette expérience, afin de s'assurer de la valeur comparée des poudres qu'on leur présente comme pouvant remplacer le soufre.

Nous ne parlons ici que pour mémoire d'un moyen de soufrage essayé dès les premières années de l'apparition de l'*oïdium* et qui fut bientôt abandonné par suite des nombreux inconvénients que présentait son emploi. Ce moyen consiste à diriger, sur les ceps en traitement, la vapeur du soufre chauffée sur un fourneau portatif. Les principaux inconvénients sont les suivants : 1° L'appareil est très-embarrassant ; 2° la vapeur du soufre refoulée par le vent peut fort bien asphyxier l'ouvrier qui l'emploie ou tout au moins le gêner assez pour le rendre malade ; 3° ce moyen est très-peu expéditif ; 4° enfin, la vapeur du soufre, ou trop chaude, ou dirigée de trop près, peut brûler en grande partie les bourgeons qu'on voudrait sauver des atteintes de l'*oïdium*.

Ce moyen a été essayé il y a plus de dix ans dans la Gironde. Nous n'en aurions pas parlé si, tout récemment, il n'avait été présenté et expérimenté à Paris, devant une réunion de savants, comme s'il eût été tout à fait nouveau.

Il n'entre pas dans le cadre restreint que nous nous sommes tracé de parler de l'*oïdium*, au point de vue de l'influence mauvaise qu'il pourrait exercer sur la santé de l'homme. Considéré au moment de son apparition, comme un toxique dangereux, il fut bien vite relevé de cette grave accusation. Aujourd'hui, MM. Colin, Desmartis, Bouché-de-Vitray et d'autres médecins encore pensent que, de la vigne, il peut se transmettre à l'homme et devenir la cause d'une maladie trop souvent mortelle. Cette opinion a été vivement combattue ; est-elle fondée ? Il ne nous appartient pas de décider cette question ; nous nous contenterons de dire que les craintes ainsi manifestées doivent nous engager d'autant plus à combattre l'*oïdium* avec un redoublement de soins et d'activité.

En publiant ces quelques pages, nous sommes loin d'avouer la prétention d'apprendre à nos lecteurs rien qui n'eût été porté bien souvent à la connaissance de la plupart d'entre eux. Il est bien difficile, en effet, de dire quelque chose de neuf sur l'*oïdium* et sur le soufrage, à moins de s'écarter de la voie pratique et de se lancer dans les spéculations de la science. Est-ce à dire que notre opuscule n'ait aucune raison d'être ? Nous ne le pensons pas. Les vérités les plus simples, les plus pratiques, les mieux constatées, avant d'être généralement admises, ont besoin d'être présentées sous des formes diverses et d'être souvent reproduites. Chaque nouvelle démonstration leur gagne quelques nouveaux prosélytes ; et c'est ainsi qu'à la longue elles parviennent à faire leur chemin dans le monde. Le soufrage a encore bien des conquêtes à faire, bien des esprits récalcitrants à convertir à sa pratique.

Nous avons vu trop souvent, et toujours avec un profond chagrin, des vignobles, autrefois vigoureux et productifs, abandonnés sans secours aux ravages de l'*oïdium*, ne présentant plus aujourd'hui que des ceps rabougris, donnant à peine chaque année quelques maigres grappes dont un bien petit nombre arrive à une maturité suffisante.

Nous avons vu avec un regret plus grand encore, dans les Basses-Pyrénées par exemple, des propriétaires, en grand nombre, arrachant des vignobles plantés sur des pentes rapides, où nulle autre culture ne pourra leur succéder. Chaque année, ils voyaient l'*oïdium* enlever leur récolte tout entière ; ils ne pouvaient croire aux effets curatifs du soufre ; ils préféraient alors arracher leurs vignes que d'avoir à les cultiver sans espoir. Beaucoup d'entre eux ont été ruinés par le fléau, qui les aurait, au contraire, tous enrichis, s'ils avaient songé à le combattre par le soufrage.

La culture de la vigne est si bien appropriée au climat de la France ; ses produits, lorsqu'ils ont été l'objet de soins intelligents, y sont d'une supériorité telle, comparativement aux produits similaires récoltés dans la plupart des autres pays, qu'on peut dire avec vérité qu'elle est notre culture nationale par excellence ; aussi chaque fois qu'on constate des faits analogues à ceux que nous venons de rapporter, les regrets qu'on éprouve ne s'arrêtent pas seulement aux malheureuses victimes d'un mal qu'elles auraient pu conjurer; on souffre aussi pour le pays tout entier, pour la France, qui voit ainsi s'amoindrir le chiffre de sa production agricole.

Ces considérations nous ont vivement frappé et nous ont donné l'idée de travailler à rendre plus facile, plus efficace et moins dispendieuse l'opération du soufrage. Les nombreuses récompenses que nous a valu l'appareil imaginé par nous, à cet effet, les témoignages de satisfaction qui nous ont été donnés par la plupart des propriétaires qui l'ont expérimenté, le refus formel de presque tous les ouvriers qui l'ont employé, de se servir de tout autre instrument de soufrage, nous prouvent que le but que nous nous proposions a été atteint, et nous garantissent que, dans la faible limite de nos moyens, nous avons été assez heureux pour rendre un service appréciable à la viticulture.

Nous donnons ci-après un dessin et une description de notre appareil.

Notre sulfurateur est composé d'une caisse allongée, en bois léger, portant à sa partie supérieure une ouverture fermée au moyen d'une planchette à coulisse; par cette ouverture on introduit le soufre dans la boîte, qui peut en contenir de quatre à cinq kilogrammes.

Sur les côtes de ce récipient, est solidement fixé, au moyen d'une pièce de montage en fer, un ventilateur à forces centrifuges, communiquant avec l'intérieur de la caisse, au moyen d'une petite ouverture de forme oblongue, qu'une vanne garnie d'un ressort tient plus ou moins ouverte ou tout à fait fermée, selon qu'on veut donner à la fois plus ou moins de soufre, ou en empêcher tout à fait la sortie.

L'axe de la roue du ventilateur tourne avec elle. Il se prolonge en arrière de cette roue, et son extrémité postérieure pénètre dans la boîte à soufre. Cette extrémité est garnie de chevilles plates en fer, solidement plantées suivant une ligne hélicoïdale. Ces chevilles, lorsqu'on tourne la roue, remuent fortement le soufre, le divisent et le poussent à mesure dans l'ouverture communiquant avec le ventilateur; la grandeur de cette ouverture étant réglée par la vanne dont nous venons de parler; le débit du soufre est fixé par l'ouvrier soufreur d'une manière invariable, quelque soit la quantité contenue dans le récipient.

Le soufre, déjà divisé par les chevilles de l'axe, pénètre dans le ventilateur par une des ouvertures latérales servant à l'entrée de l'air. Emporté avec force par la colonne d'air aspirée, il est divisé de nouveau et d'une manière beaucoup plus complète, et ne fait que traverser avec elle l'appareil de ventilation pour être projeté vivement au-dehors, sur l'apparence d'une épaisse fumée.

Dans l'autre face du ventilateur est pratiquée une seconde ouverture servant aussi à l'aspiration de l'air. Deux vannes fermant plus ou moins exactement cette ouverture servent à régler la force du vent. Dans la pratique, on se trouve très-bien de cette disposition, qui permet de varier à volonté la force d'impulsion de l'air, sans avoir besoin d'activer ou de ralentir le mouvement de la roue.

Nous nous sommes attaché, comme on le voit, en combinant les organes de notre appareil, à obtenir une division du soufre aussi complète que possible, afin de pouvoir supprimer les grilles et les plaques perforées qui, dans tous les autres instruments de soufrage, présentent le grave inconvénient de s'obstruer en temps de pluie, ou simplement lorsque les feuilles de vigne sont imprégnées de rosée.

La manière d'employer notre sulfurateur est aussi simple que peu fatigante. Sur le récipient sont fixées deux boucles dans lesquelles passe une courroie. L'ouvrier soufreur suspend l'appareil sous son bras gauche au moyen de cette courroie passant sur son épaule droite, ainsi que le montre la figure ci-dessous.

Avant de commencer son travail, l'ouvrier règle le débit du soufre qui doit être subordonné au développement des pampres et des feuilles. Si le temps est calme, il laisse fermées ses vannes à air, et les ouvre, au contraire, s'il fait un peu de vent. (On comprend que lorsque le vent est très-violent, on doit s'abstenir de soufrer, soit avec le sulfurateur, soit avec tout autre instrument.) L'ouvrier n'a plus ensuite qu'à diriger l'extrémité recourbée du tuyau vers chaque cep et à tourner la manivelle de la roue; quelques tours suffisent pour le traitement d'un cep vigoureux. Le soufre est si bien divisé, qu'au premier aspect, les plants soufrés se distinguent à peine des autres; mais si l'on regarde attentivement et si, surtout, on emploie une loupe, on reconnaît que toutes leurs parties sont recouvertes d'une légère couche de la poudre oïdicide. Si l'on tenait à en augmenter la dose, on n'aurait qu'à ouvrir un peu plus la vanne de distribution ou à tourner la roue un peu plus longtemps. On dépenserait ainsi plus de soufre sans obtenir un meilleur résultat. Lorsque l'ouvrier a terminé son travail, il doit avoir soin de fermer sa vanne à soufre, afin que celui-ci ne tombe pas dans le ventilateur.

On comprend le peu de fatigue que cette manœuvre doit causer à l'ouvrier. Il a donc plus rarement besoin de se reposer et peut travailler pendant plusieurs heures sans avoir besoin de renouveler sa provision de soufre. Comme d'autre part, notre sulfurateur est à jet continu au lieu d'être à effets alternatifs comme les soufflets, on nous croira sans peine, lorsque nous portons à 70 p. 100 l'économie de main-d'œuvre résultant de l'emploi de cet appareil. L'économie du soufre est presque aussi considérable. On voit donc qu'en payant notre appareil le prix de trois soufflets, on réalise encore un bénéfice considérable.

Garni de son tuyau ordinaire, notre sulfurateur peut servir à soufrer les vignes ayant moins de deux mètres de hauteur. Une palette qui divise en deux parties le récipient permet, en effet, d'élever ou d'abaisser son extrémité antérieure, sans que le soufre se porte en arrière ou s'accumule en avant en trop grande quantité.

Le soufrage des vignes hautes exige l'emploi d'un tuyau de rechange, qui permet de soufrer aussi aisément, aussi rapidement et avec aussi peu de frais les treillages les plus élevés que les ceps de moyenne hauteur.

Les premiers sulfurateurs que nous fîmes fabriquer étaient en ferblanc. Le peu de solidité de ces instruments et leur prix élevé nous y firent bientôt renoncer. L'année suivante, en 1864, nous songeâmes à les faire construire en bois. Malheureusement le hasard nous servit mal dans le choix de notre fabricant. Les nombreuses demandes qui, chaque jour, nous étaient faites de tous les points de la France où la vigne est cultivée, nous obligèrent à transmettre les commandes à ces industriels, qui livrèrent ainsi des appareils que nous n'avions pu vérifier. Les cinq sixièmes au moins de ces sulfurateurs étaient hors d'état de pouvoir servir. Nous perdîmes ainsi le travail d'une année et le prix de nos sulfurateurs, qui ont aujourd'hui à reconquérir la confiance de beaucoup de propriétaires que cette mauvaise confection leur a aliéné. Dans la crainte où nous étions qu'un semblable fait se renouvelât, nous nous sommes décidé à faire fabriquer sous nos yeux nos instruments de soufrage. Aucun ne sera livré avant d'avoir été l'objet d'un sérieux examen.

Nos sulfurateurs manquaient de solidité; nous n'avons pas craint d'augmenter leur poids de quelques centaines de grammes, afin de leur donner, à cet égard, un surcroît de garantie.

Les engrenages étaient mal fondus. Nous n'avons pas hésité, cette année, à nous adresser à l'une des premières fonderies de France, celle de MM. Caviller et Lecull, d'Amiens, malgré les frais de transport considérables dont se trouvent grevées les pièces de montage que nous livre cette honorable maison.

La fabrication de nos appareils sera désormais assez soignée pour que nous ne craignions pas de donner à tous nos acheteurs une garantie aussi longue qu'ils voudront l'exiger; comme aussi, afin de compenser la perte qu'ont éprouvé les propriétaires qui, en 1864, nous ont pris des sulfurateurs, nous offrons de leur en livrer, avec un rabais de 40 p. 100, un nombre égal à celui des instruments qui se seront dérangés entre leurs mains. Nous les prierons seulement de vouloir bien, en nous adressant leur demande, nous donner le nom de celui de nos dépositaires chez qui ces appareils ont été achetés. Ce rabais considérable nous constitue, cette année, en perte, pour une somme importante; mais nous en faisons l'abandon, afin de réparer, autant qu'il est en notre pouvoir, le tort involontaire que nous avons pu causer aux personnes qui nous ont honoré de leur confiance.

Nous donnons ci-après la copie de quelques-unes des lettres que nous avons reçues au sujet de nos sulfurateurs. Nos lecteurs y trouveront les appréciations de plusieurs grands propriétaires qui les ont expérimentés. Nous copions textuellement ces lettres. Nous n'avons pas voulu supprimer les plaintes contenues dans quelques-unes d'entre elles, bien certain de ne plus les voir se reproduire.

Le Mas-d'Azil (Ariège), 15 juin 1864.

Monsieur,

Vos sulfurateurs font merveille sur ma propriété de Lucas. Dans mes vignes, qui sont très-rapprochées et très-vigoureuses, une femme soufre admirablement et presque sans fatigue, 70 ares par jour; avec un soufflet, elle en ferait à peine le tiers. J'ai parlé de cet appareil à un propriétaire du Languedoc qui désire en faire l'essai.

Je vous prie, en conséquence, de m'en envoyer deux en grande vitesse, en gare de Toulouse.

Recevez, etc.

LALANNE.

Lettre adressée à M. Du Vignau, au château de Mondésir.

Château de Monlo, commune de Saint-Pey-de-Castets (Gironde), 10 juin 1864.

MON CHER MONSIEUR DU VIGNAU,

Tous mes voisins qui ont négligé de soufrer ont vu depuis quelques jours leurs vignes envahies par l'*oïdium*. Je n'ai donc pas été surpris en apprenant que les vôtres sont dans le même état. Chez moi, grâce au sulfurateur Pâquerée, vous n'en trouveriez pas une trace.

Vous me demandez ce que je pense de cet instrument. En temps ordinaire, je vous dirais tout simplement qu'il est le meilleur, le plus expéditif et le plus économique de tous les appareils de soufrage. Dans les circonstances actuelles, je vous dirai, de plus, qu'il est le seul au moyen duquel vous puissiez enrayer la maladie, à moins d'employer beaucoup plus de monde que vous ne pourriez en procurer.

Beaucoup de ces instruments manquent de solidité; mais M. Pâquerée qui, à ce sujet, a grandement à se plaindre de son fabricant, vous changera, contre des neufs, tous ceux qui se dérangeront chez vous.

Tout à vous.

C. MEYNARD.

— 49 —

Château de Mondésir, près Villefranche
(Dordogne), 8 juillet 1864.

Monsieur,

Je vous envoie ci-jointe une lettre de mon ami, M. Meynard, qui me recommande vos sulfurateurs et m'assure que vous me les changerez, en cas de dérangement. J'en ai pris deux chez un de vos dépositaires. Je suis enchanté du travail qu'ils font. Malheureusement, l'un d'eux ne peut plus fonctionner, et je vous le renvoie, en vous priant de m'en envoyer un autre en échange.

Il est bien fâcheux pour vous que l'on vous ait fourni des appareils aussi mal conditionnés. L'année prochaine, vous changerez sans doute de fabricant; aussi, j'attends à cette époque pour en faire une provision complète.

Veuillez agréer, etc.

A. Du Vignau.

Château de Salesse (Bossugan), canton de
Pujols (Gironde), 20 mars 1865.

Mon cher Monsieur,

J'ai reçu le sulfurateur que vous m'avez envoyé. Je l'ai expérimenté avec le plus grand soin et je suis heureux de pouvoir vous dire que sa construction me paraît être désormais d'une solidité à toute épreuve.

Jusqu'à présent, le seul reproche qu'on pût adresser à votre utile invention, dont, au reste, le mérite est reconnu par tout le monde, ne tenait qu'à la mauvaise fabrication de vos appareils. Je sais très-bien que vous le comprenez mieux que personne, puisque bien souvent je vous ai entendu vous plaindre de l'inintelligence ou du mauvais vouloir de vos fabricants. Et cependant, je dois le dire, malgré leur imperfection, je leur ai dû, l'an passé, le salut d'une grande partie de ma récolte, puisque avec le peu de monde dont je pouvais disposer, j'ai pu, en très-peu de temps, soufrer près de 80 hectares de vignes envahies subitement par l'*oïdium*.

La garniture de fonte de vos sulfurateurs me paraît non-seulement très-solide, mais encore d'un facile arrangement en cas d'accident. La construction de la caisse est aussi très-bien comprise, l'ouverture étant assez grande pour permettre de visiter l'intérieur.

La cloison mobile que vous y avez adaptée est fort ingénieuse et doit apporter une grande économie dans la distribution du soufre.

Je ne doute pas, Mon cher Monsieur, que votre sulfurateur n'obtienne le plus grand succès, si comme tout le fait craindre, le terrible fléau dont nous sommes menacés continue à exercer ses ravages dans nos vignobles.

Recevez, etc.

H. GOURSSIES,
Propriétaire à Bossugan et à Saint-Emilion.

Blansac, commune de Saint-Magne
(Gironde), 10 mars 1865.

MON CHER MONSIEUR PAQUERÉE,

J'ai vu ce matin vos instruments de soufrage qui, cette fois, sont construits avec le plus grand soin. Une longue durée leur est assurée. Vous avez très-bien fait de vous décider à les faire fabriquer sous vos yeux. Il est très-fâcheux que l'année dernière vous n'ayez pas fait de même, vous auriez ainsi évité bien des désagréments.

Malgré la mauvaise confection de vos sulfurateurs de 1864, je reconnais leur devoir, une belle récolte, après dix ans, pendant lesquels je n'ai eu que des produits insignifiants. Vous savez que mon vignoble est placé dans des conditions beaucoup trop favorables au développement de l'*oïdium*; mes domestiques ne pouvaient donc parvenir à s'en débarrasser avec le soufflet; il m'aurait fallu trois fois plus de monde que je n'en avais. Avec votre appareil, ils en sont venus aisément à bout; aussi je n'ai plus peur de lui; je vais me préparer à le combattre, et pour cela je vous prie de me garder huit de vos instruments.

Tout à vous,

P. SOULÉ,
Docteur en médecine.

Château Peyblanquet (Saint-Émilion),
28 mars 1865.

MONSIEUR,

L'emploi avantageux que j'ai fait de votre sulfurateur, l'année dernière, me fait vous prier de m'en réserver pour cette année quelques-uns de ceux que vous avez fait fabriquer dans ces derniers temps, et dont j'ai ouï dire le plus grand bien, au point de vue de la solidité, de la célérité, de la facilité du travail et de l'économie de soufre. Je suis impatient de m'en convaincre par moi-même, et je vous serai très-obligé de prendre bonne note de ma demande.

Veuillez agréer, etc.

Baron de MEYNARD.

Castillon, le 29 mai 1864.

A Monsieur le Rédacteur du COURRIER DE LA GIRONDE,
à *Bordeaux*.

MONSIEUR,

Voudriez-vous me permettre de profiter de votre estimable journal, pour appeler l'attention des propriétaires de vignes sur le nouvel instrument inventé par M. A. Pâquerée, de Castillon, pour le soufrage des vignes.

Ce sulfurateur, d'une confection très-ingénieuse, offre un avantage immense aux producteurs, en ce sens que, donnant un jet continu, il répand très-bien le soufre, et de la manière la plus égale, soit à l'intérieur, soit à l'extérieur du pied de vigne; enfin, il offre une économie de 60 p. 100, tant dans la main-d'œuvre que dans l'emploi du soufre.

Je crois donc être utile aux propriétaires de notre département en leur disant que, grâce à cet instrument, avec six journées de femmes, j'ai soufré quatre hectares de vignes, et en n'employant seulement que 200 kilos de soufre trituré.

Je remercie l'inventeur du service qu'il rend à la viticulture, car désormais nous pouvons traiter nos vignes malades avec célérité et économie, ce qui ne pouvait avoir lieu avec les soufflets ordinaires employés jusqu'à ce jour, et dont nos journaliers ne se servaient qu'avec la plus grande répugnance.

Veuillez agréer, Monsieur le Rédacteur, l'assurance de ma considération la plus distinguée.

A. DUBREUIL,
Négociant et propriétaire.

Cette dernière lettre fut reproduite par le *Courrier de la Gironde* dans les premiers jours de juin.

On peut se procurer des sulfurateurs dans la plupart des villes situées dans les pays où la vigne est cultivée. On peut aussi s'adresser pour le gros et pour le détail à l'inventeur, M. A. Pâquerée, adjoint au Maire de Castillon-sur-Dordogne (Gironde).

Médailles d'argent et rappel des mêmes médailles aux concours régionaux d'Agriculture d'Agen, Pau, Périgueux et Tulle, huit autres médailles d'argent et trois de bronze.

SULPURATEUR

BREVETÉ s. g. d. g.

A. PAQUERÉE

à Castillon-sur-Dordogne (Gironde)

www.ingramcontent.com/pod-product-compliance
Lightning Source LLC
Chambersburg PA
CBHW071322200326
41520CB00013B/2850